2020
江苏省海洋经济发展报告

江苏省自然资源厅　编著

海洋出版社

2021年·北京

图书在版编目（CIP）数据

2020江苏省海洋经济发展报告 / 江苏省自然资源厅编著. — 北京：海洋出版社，2021.6
　ISBN 978-7-5210-0778-7

　Ⅰ. ①2… Ⅱ. ①江… Ⅲ. ①海洋经济－区域经济发展－研究报告－江苏－2020 Ⅳ. ①P74

中国版本图书馆CIP数据核字(2021)第098808号

2020江苏省海洋经济发展报告
2020 JIANGSUSHENG HAIYANG JINGJI FAZHAN BAOGAO

责任编辑：杨传霞　林峰竹
责任印制：安　淼

海洋出版社 出版发行

http://www.oceanpress.com.cn
北京市海淀区大慧寺路8号　　邮编：100081
中煤（北京）印务有限公司印刷　　新华书店北京发行所经销
2021年6月第1版　　2021年6月第1次印刷
开本：787 mm × 1092 mm　1 / 16　印张：4.5
字数：46千字　　定价：45.00元

发行部：62100090　邮购部：62100072　总编室：62100034
海洋版图书印、装错误可随时退换

前 言

我国主张管辖海域面积约300万平方千米，广袤的"蓝色国土"是经济社会发展的重要依托和载体。经济全球化背景下，海洋对世界政治经济格局和国家安全与发展的影响日显突出，已经成为人类生存与发展空间拓展的主要领域。党的十八大以来，习近平总书记准确把握时代大势，科学研判我国海洋事业发展形势，高度重视海洋事业发展，明确指出，"海洋事业关系民族生存发展状态，关系国家兴衰安危"，"建设海洋强国是中国特色社会主义事业的重要组成部分"。2019年10月，习近平总书记在给中国海洋经济博览会的贺信中指出，要加快海洋科技创新步伐，提高海洋资源开发能力，培育壮大海洋战略性新兴产业；要促进海上互联互通和各领域务实合作，积极发展"蓝色伙伴关系"；要高度重视生态文明建设，加强海洋环境污染防治，保护海洋生物多样性，实现海洋资源有序开发利用，为子孙后代留下一片碧海蓝天。

江苏省地处"一带一路"交汇点，是长江经济带、长三角区域一体化发展的重要组成部分。近年来，江苏省坚持以习近平新时代中国特色社会主义思想为指导，认真贯彻党中央、国务院决策部署，积极把握海洋强国建设、"一带一路"倡议、长江经济带发展、长三角区域一体化发展等国家战略的重大机遇，坚持陆海统筹、江海联动、绿色可持续发展，扎实推进海洋强省建设。大力发展现代海洋产业，加强海洋资源环境保护，形成以沿海地区为纵轴、沿江两岸为横轴的倒"L"型海洋经济带，全省海洋经济呈现总量稳步提升、结构持续优化、动力不断增强的发展态势。

为全面总结2019年江苏省海洋经济发展情况，江苏省自然资源厅组织编制了《2020江苏省海洋经济发展报告》（以下简称《报告》）。《报告》总结回顾了2019年江苏省海洋经济发展和管理工作，对沿海三市以及沿江七市的海洋经济运行情况进行了分析。希望《报告》的出版发行，能为各级政府部门、科研院所、相关涉海企业和关心江苏海洋经济发展的读者提供参考借鉴。

本《报告》由江苏省自然资源厅海洋规划与经济处组织省海洋经济监测评估中心编写，得到了江苏省发展和改革委员会、江苏省统计局及沿海沿江设区市自然资源部门的大力支持，在此表示感谢。

由于编者学识和水平有限，错误与不足之处在所难免，恳请广大读者批评指正。

编　者

2020年12月

目　录

第一篇　综合篇

第一章　2019年海洋经济宏观形势分析 ………………… 2
　　第一节　全国海洋经济发展形势 ……………………… 2
　　第二节　区域海洋经济发展态势 ……………………… 4

第二章　2019年江苏省海洋经济发展情况 ……………… 8
　　第一节　海洋经济发展总体情况 ……………………… 8
　　第二节　海洋经济管理 ………………………………… 10
　　第三节　海洋科技创新 ………………………………… 14
　　第四节　财政金融支持 ………………………………… 16
　　第五节　海洋资源管理和生态文明建设 ……………… 17

第三章　2019年江苏省海洋产业发展情况 ……………… 20
　　第一节　海洋渔业 ……………………………………… 20
　　第二节　海洋交通运输业 ……………………………… 20
　　第三节　海洋船舶工业 ………………………………… 22
　　第四节　海洋旅游业 …………………………………… 23
　　第五节　海洋工程装备制造业 ………………………… 24
　　第六节　海洋可再生能源利用业 ……………………… 25

第七节　海洋药物和生物制品业…………………………………26

第八节　海水淡化和综合利用业……………………………………26

第二篇　区域篇

第四章　沿海地区海洋经济发展情况…………………………30
第一节　南通市……………………………………………………30
第二节　盐城市……………………………………………………35
第三节　连云港市…………………………………………………39

第五章　沿江地区海洋经济发展情况…………………………46
第一节　南京市……………………………………………………46
第二节　无锡市……………………………………………………49
第三节　常州市……………………………………………………51
第四节　苏州市……………………………………………………53
第五节　扬州市……………………………………………………55
第六节　镇江市……………………………………………………57
第七节　泰州市……………………………………………………59

附　录

海洋经济主要名词解释………………………………………………64

第一篇　综合篇

第一章 2019年海洋经济宏观形势分析

第一节 全国海洋经济发展形势

1. 海洋经济实现稳步增长

2019年，我国海洋经济总量稳步提高，经济结构持续优化，产业发展水平继续提高，内生动力不断增强，稳增长、促改革、调结构、惠民生取得显著成效，在发展海洋经济、建设海洋生态文明和参与全球海洋治理等重点领域实现新突破、取得新成就。

《2019年中国海洋经济统计公报》（以下简称《公报》）显示，全国海洋经济规模持续扩大，海洋经济"引擎"作用持续发力。2019年，全国海洋生产总值超过8.9万亿元[①]，比上年增长6.2%，高于国内生产总值增速0.1个百分点，海洋经济拉动国民经济增长0.6个百分点，对国民经济增长的贡献率达到9.1%。海洋生产总值占国内生产总值的比重，近20年连续保持在9%左右，占沿海地区生产总值的比重超17%，连续3年稳步上升。

2. 海洋产业结构持续优化

海洋产业结构持续优化，海洋服务业"稳定器"作用进一步

---

① 2019年全国海洋生产总值为初步核算数。

增强。据《公报》显示，海洋第一、第二和第三产业增加值占海洋生产总值的比重分别为4.2%、35.8%和60.0%。与上年相比，第三产业比重提高0.9个百分点。其中，海洋服务业增加值占比连续9年稳步提升，拉动海洋生产总值增长近5个百分点，对海洋经济增长的贡献率超过75%；滨海旅游业增加值全年实现18 086亿元，比上年增长9.3%。

海洋产业结构调整取得成效，发展水平不断提升。海洋油气增储上产态势良好，海洋原油生产增速由负转正，扭转了2016年以来产量连续下滑态势，实现产量4 916万吨，比上年增长2.3%；海洋天然气产量持续增长，达到162亿立方米，比上年增长5.4%。海洋交通运输业平稳增长，增加值全年实现6 427亿元，比上年增长5.8%；海洋货运量36亿吨，比上年增长8.4%；沿海港口货物吞吐量92亿吨，比上年增长4.3%。海洋船舶工业实现较快增长，全国造船完工量3 672万载重吨，比上年增长6.2%，增加值全年实现1 182亿元，比上年增长11.3%。随着海上风电补贴政策窗口期临近，海上风电并网装机容量显著提升，截至2019年年底，累计并网容量达593万千瓦，比上年增长63.4%。

3. 海洋经济发展内生动力进一步增强

海洋科技创新投入继续增长，人才队伍不断壮大，科技成果日趋丰硕。重点监测的海洋科研机构中，研究与试验发展经费比上年增长9.9%,科技活动人员数比上年增长1.7%,专利授权数超过4 100件。科技创新与成果转化对海洋产业发展推动作用日益显著。海水淡化工程加快实施,每日淡化海水可达18万吨的舟山绿色石化基地海水淡化一期工程已建成并投入使用。海洋可再生能源产业化水平不断提高,全球首个波浪能装机容量达120千瓦的养殖平台"澎湖号"交付使用,集波浪能发电和太阳能发电于一体,达到能源供给自给自足。海洋船舶领域取得新成绩,我国自主建造的"雪龙2"号首航南极,全球首艘超大型智能原油船(VLCC)"凯征"轮交付。

第二节 区域海洋经济发展态势

1. 地区海洋经济发展政策措施相继出台

2019年6月,深圳市提出建设一所国际化综合性海洋大学、一所海洋科学研究院、一个全球海洋智库、一个深远海综合保障基地、一家海洋开发银行等"十个一"工程,着力打造具有国际吸引力、竞争力、影响力的全球海洋中心城市。2019年8月,《中共中央 国务院关于支持深圳建设中国特色社会主义先行示范区的意见》发布,特别提出支持深圳加快建设全球海洋中心城市,按程序组建海洋大学和国家深海科考中心,探索设立国际海洋开发银行。2019年9月在上海召开的"长三角海洋经济示范城市一体化高质量发展研讨会",崇明长兴、浦东、盐城、南通、舟山、宁波等地海洋经济主管部门签署《长三角海洋经济示范城市一体化高质量发展合作备忘录》,上海将与各地相关部门共同依托长三角一体化大平台,在落实长三角海洋产业协同创新发展总体规划,打造长三角海洋产业监测分析、信息共享和成果转移转化等信息一体化平台,以及建立长效常态统筹协调工作机制等方面,加强沟通协调和务实合作,切实推动长三角海洋经济示范城市协同联动发展。

2019年9月,山东省海洋局和中国船级社签署战略合作协议,确定建立全面战略合作关系,为海洋强省建设提供海洋工程装备技术支撑保障。

2019年12月,广东省自然资源厅、发展改革委、工业和信息化厅联合印发《广东省加快发展海洋六大产业行动方案（2019—2021年）》,提出做大海洋电子信息产业、海上风电产业、海洋生物产业、海洋工程装备产业、天然气水合物产业、海洋公共服务产业等六大产业集群,并明确六大产业发展重点任务。

2. 区域海洋经济发展情况

2019年,北部、东部和南部海洋经济圈海洋生产总值分别为26 360亿元、26 570亿元和36 486亿元[①],分别是2010年的1.9倍、2.1倍和2.8倍。随着粤港澳大湾区、中国（海南）自由贸易试验区

---

① 2019年北部、东部和南部海洋经济圈海洋生产总值为初步核算数。

等重大战略持续发力，南部海洋经济圈海洋经济发展持续领先，2010年以来其海洋生产总值年均名义增速达12%以上，占全国海洋生产总值比重由2010年的33%增长到2019年的41%。

北部海洋经济圈海洋经济发展基础雄厚，海洋科研教育优势突出，是我国北部地区对外开放重要平台。2019年，天津市全力推动海水淡化与产业示范基地、中大恩那社水务等重点工程项目建设，搭建国家级海水淡化与综合利用创新平台，不断拓展海水淡化工程服务领域。山东省以新旧动能转换重大工程为统领，以建设世界一流的海洋港口、完善的现代海洋产业体系、绿色可持续的海洋生态环境为发展重点，2019年共新增国家级海洋牧场示范区12处，新增省级海洋牧场示范创建项目22个；设立"中国蓝色药库"开发基金50亿元，建成现代海洋药物、现代海洋中药等6个产品研发平台；新增海洋工程技术协同创新中心63家，青岛海洋科学与技术试点国家实验室超算升级项目获国家立项。

东部海洋经济圈港口航运体系完善，海洋经济外向型程度高，是具有全球影响力的先进制造业基地和现代服务业基地。2019年，上海市海洋经济布局日趋优化，基本培育形成特色明显、优势互补、集聚度高的"两核三带多点"海洋产业空间布局，海洋产业呈现出有效集聚态势；航运服务功能不断优化，新华-波罗的海国际航运中心发展指数排名，上海位列全球第四。浙江省积极推进实施现代海洋产业发展规划，聚焦现代海洋产业发展"55340"行动，继续发挥沿海产业集聚区对海洋经济发展支撑作用，加快推进全省开发区（园区）整合提升；依托大湾区建设和沿海地区临港产业发展，全省布局打造35个海洋经济特色功能区块，其中已有12个印发建设实施方案，形成传统产业、特色优势产业、未来产业统筹推进的海洋产业发展格局。

南部海洋经济圈海域辽阔、资源丰富、战略地位突出，是我国对外开放和参与经济全球化的重要区域。2019年，福建省推进"海丝"核心区建设，坚持"引进来"与"走出去"并举、经济合作与人文融合并重，加快建设互联互通的重要枢纽、经贸合作的前沿平台、体制机制创新的先行区域、人文交流的重要纽带，主动融入中国-东盟国家合作框架，率先谋划与东盟国家合作项目。广东省海洋生物医药业集聚发展，深圳大鹏海洋生物产业园、坪山国家生物产业基地、广州生物岛、中山国家健康科技产业基地等一批海洋生物医药产学研合作平台和孵化推广基地在海洋生物医药产业中发挥集聚行业资源积极作用；海洋可再生能源利用重大项目加快建设，全省25个近海浅水区海上风电项目全部核准完成；建设南方海洋科学与工程广东省实验室，省级促进经济发展专项资金立项支持海洋六大产业创新发展项目55个。

第二章　2019年江苏省海洋经济发展情况

第一节　海洋经济发展总体情况

2019年，江苏省坚持以习近平新时代中国特色社会主义思想为指导，以新发展理念系统谋划海洋经济发展，遵循"陆海统筹、江海联动、集约开发、生态优先"原则，大力推进海洋强省建设，海洋经济总量和发展质量同步提升，助力"强富美高"新江苏建设。

1. 海洋经济总量稳健增长

2019年，江苏省海洋生产总值达到7 721.0亿元[①]，比上年名义增长3.2%，占地区生产总值比重为7.8%（图1）。与"十一五"期末相比，江苏省海洋生产总值翻了一番多，占地区生产总值的比重连续10年保持在7.5%以上。2019年，海洋经济拉动国民经济增长0.3个百分点，对国民经济增长的贡献率达到4.4%，海洋经济"蓝色引擎"助推作用持续发力。

---

① 2019年江苏省海洋生产总值及其分产业增加值均为国家反馈数。

图 1　2015—2019年江苏省海洋生产总值和三次产业增加值变动情况

2. 海洋经济结构持续优化

海洋产业结构不断优化，第一产业增加值432.4亿元，第二产业增加值3 682.9亿元，第三产业增加值3 605.7亿元，海洋经济三次产业占海洋生产总值的比重分别为5.6%、47.7%和46.7%。第二产业比重略高于第三产业比重，与江苏制造业大省的特点相符，海洋船舶工业、海洋工程装备、海洋设备制造业等发展水平居全国前列。海洋战略性新兴产业快速发展，海洋可再生能源利用业、海洋药物和生物制品业增加值分别比上年增长12.1%、12.2%。

从区域海洋经济结构来看，2019年，南通、盐城、连云港3个沿海设区市海洋生产总值为4 080.6亿元，比上年增长3.0%，占江苏省海洋生产总值的比重为52.9%。10个非沿海设区市海洋生产总值为3 640.4亿元，比上年增长3.5%，占全省海洋生产总值的比重为47.1%。

3. 江海联动特色更加鲜明

江苏省不仅拥有954千米海岸线，还拥有近1 300千米长江岸线。长江南京以下-12.5米深水航道全线贯通，5万吨级海轮可直达南京，通江达海区位优势更加明显，拓展了海洋经济发展空间。2019年，沿江城市海洋交通运输业稳步增长，海洋船舶工业与海洋工程装备制造业等优势产业深度转型，海洋设备制造业、海洋科研教育管理服务业等发展较快。在港口货物吞吐量方面，沿江规模以上港口货物量占全省的比重为86.9%，集装箱吞吐量占全省的比重达72.4%，苏州港进入全国前10名，南通港、镇江港、泰州港、南京港、江阴港进入全国前20名；海洋船舶工业方面，沿江地区造船完工量占全省的比重为79.3%。

第二节 海洋经济管理

1.《江苏省海洋经济促进条例》颁布实施

2019年3月29日江苏省第十三届人民代表大会常务委员会第八

次会议审议通过了《江苏省海洋经济促进条例》（以下简称《条例》），自2019年6月1日起施行，为落实海洋强国战略，提高海洋经济发展质量，促进资源科学利用，实现海洋经济可持续发展提供法律保障。《条例》共设7章52条，是全国首部促进海洋经济发展的地方性法规，在海洋经济发展统筹协调、厘清各相关部门海洋经济管理职责、构建现代海洋产业体系、加强海洋经济发展服务与保障等方面作了较为全面的规范，并有所创新和突破。《条例》完善了海洋经济高质量发展制度体系，从制度层面解决海洋经济高质量发展中的深层次问题、回应广大涉海企业的关切期盼。

2. 第一次全国海洋经济调查圆满完成

2019年6月25日，江苏省第一次全国海洋经济调查以优秀等次首家通过国家级验收，6项专题调查均高质量通过验收。12月26日，整理归档的1 155卷调查卷宗顺利移交中国海洋档案馆，历时两年的调查圆满完成。江苏省第一次全国海洋经济调查涵盖全省13个设区市、涉及28个海洋及相关产业，选聘调查员、调查指导员6 500多名，完成50余万家涉海单位清查、产业调查及6项专题调查。基于涉海单位名录库、基础数据集等调查成果，开发海洋经济智能决策支持系统，为海洋经济管理与决策提供技术支撑。

3. 海洋经济运行监测与评估不断强化

印发2019年江苏省海洋经济运行监测评估工作要点，在全国率先将海洋经济统计监测延伸到非沿海地区，实现全省域覆盖。开展季度、半年度、年度海洋经济运行监测分析，发布2018年度《江苏省海洋经济统计公报》。出版《2018江苏省海洋经济发展报告》，编制完成《2019江苏省海洋经济发展报告》。开展江苏省海洋经济高质量发展监测评价指标体系研究试点，综合运用多种研究方法，研究构建符合江苏省发展实际的海洋经济高质量发展监测评价指标体系。

4. 海洋经济试点示范持续推进

指导南通市海洋经济创新发展示范城市建设，支持南通市围绕区位优势和产业基础，以创新发展示范城市项目建设为引领，全面促进海洋高端装备制造业为代表的海洋新兴产业发展，完成阶段性考核目标。截至2019年年底，南通市海洋经济创新发展示范城市建设项目实现总投资32.24亿元，实现销售收入65.51亿元、利税8.86亿元，新增出口额9.2亿美元，带动新增就业人数23 600人；支持龙头企业6家、中小微企业36家、省级及以上高新技术企业14家；建成或改造生产线26条，新增省级以上新产品53项；新建公共服务平台1个，新形成完整产业链7条，新立各类标准65项。海洋经济创新发展示范城市建设项目方案设定的预期目标基本完成。

盐城市、连云港市海洋经济发展示范区建设总体方案报经江苏省政府同意，由江苏省发展和改革委员会、自然资源厅联合印发。连云港市海洋经济发展示范区以蓝色海湾建设和服务"一带一路"建设的海洋服务业转型升级与集聚发展为示范主题，总面积约148.5平方千米，空间布局为"一区涵三片"，建设期内围绕壮大现代海洋服务业、强化涉海基础设施建设、完善海洋服务体系、构建蓝色生态屏障四个方面实施重点项目32个，总投资147亿元；盐城市海洋经济发展示范区以推进滨海湿地、滩涂等资源综合保护与利用，开展海洋生态保护与修复，为沿海地区发展提供可借鉴的经验为示范主题，总面积约150平方千米，空间布局为"一区两片"，东台片区以弶港国家一级渔港、海洋工程特种装备产业园、绿色食品产业园、黄海国家级森林公园、"风光渔"互补基地为载体，构建集现代农业、生态旅游、先进制造业为一体的滩涂资源保护与综合高效开发利用示范区，滨海片区以滨海港工业园区为核心载体，着力打造"国家级河海联动开发示范区"，建成沿海绿色精品钢基地和循环经济发展示范区，引领带动沿淮地区加快发展。

第三节　海洋科技创新

1. 海洋产业科技成果转换有效推进

深入推进科技兴海，围绕海洋工程装备制造、海洋可再生能源利用、海洋药物和生物制品、海洋电子信息、海水淡化-综合利用等海洋新兴产业，突破一批共性技术和关键技术，推动海洋产业科技成果转换。南通中远海运船务"希望6号"以第一承担单位荣获2019年江苏省科技进步一等奖，"希望6号"是国内首座多点系泊式圆筒型海上油气生产储卸平台（FPSO），集油气生产、存储及外输等功能于一身，整体工作效率高达90%以上，远远高于同海域作业FPSO的平均效率。江苏科技大学参研项目"海上大型绞吸疏浚装备的自主研发与产业化"获得2019年国家科技进步特等奖。作为重要参研单位，江苏科技大学联合镇江亿华系统集成有限公司持续二十年攻关，研制了海上大型绞吸疏浚装备综合控制和信息化系统，构建了多区域多系统协同运行和疏浚作业集成监控与管理一体化平台，实现了实景智能可视操作、精确疏浚和功率平衡自动调节，解决了疏浚装备在复杂多变工况条件下智能、高效疏浚作业的难题。

2. 海洋科技创新"源动力"不断增强

2019年，重点监测的海洋科研机构中，研究与试验发展经费比上年增长6.1%，专利授权数比上年增长1.4%。6月12日，教育部致函江苏省人民政府，同意淮海工学院正式更名为江苏海洋大学，明确"学校要围绕国家'海洋强国'战略和'一带一路'建设，紧密对接区域海洋新兴产业，建设特色鲜明的高水平大学"。7月3日，镇江市人民政府、钢铁研究总院和江苏科技大学三方共建的"中国（镇江）海洋先进材料产业创新中心"揭牌，发挥钢铁研究总院"国际一流金属材料研发和创新基地"优势，助力江苏科技大学"打造国内一流造船大学"，推进建设海洋先进材料产业领域集材料检测、技术研发、技术转移、企业孵化、生产制造、科技咨询服务等为一体的"创新中心"。

3. 海洋经济创新发展示范城市科技带动成效明显

南通市海洋经济创新发展示范城市建设科技带动作用凸显。在整合涉海科技资源基础上，加强与上海科创中心、江苏省产业科创中心、苏南科创园区合作，构建以招商重工、中远船务等国家级企业技术中心为核心，省级企业技术中心、工程中心为骨干，专业设计公司为补充的研发体系，成立产业技术创新联盟，促进产业链与创新链融合发展。其间，新建企业研发中心18个，其中国家级企业研发中心4个；申请专利474件，发表论文146篇；成果转化31项。

第四节　财政金融支持

1. 财政支持力度显著增强

综合运用战略性新兴产业专项资金、工业和信息产业转型升级专项资金、海洋科技创新专项资金、自然资源管理专项资金等，支持构建现代海洋产业体系。2019年，安排省级战略性新兴产业专项资金5.3亿元，支持包括海洋高端装备制造在内的十大战略性新兴产业重大项目、产业链重要环节以及技术创新重大载体建设；安排省级工业和信息产业转型升级专项资金21.7亿元，支持省内企业实施包括海洋装备在内的高端装备研制赶超、关键核心技术攻关、重点技术改造、产业绿色发展等项目；下达中央渔业发展与船舶报废拆解更新补助资金1.46亿元。支持涉海企业申报国家相关专项资金，2019年，招商局重工（江苏）有限公司、惠生（南通）重工有限公司等12家船舶类企业共获得国家首台套重大技术装备保险补偿等专项补助3.43亿元。

2. 海洋产业基金不断壮大

2019年8月，江苏省首个以智慧海洋为主题的创业投资基金——江苏新海智慧海洋产业投资基金在连云港市注册成立，基金初期规模1.8亿元，重点投向海洋高端装备、海洋生物、海洋信息化等领域的科技型成长型企业。南通市人民政府主导的南通陆海统筹发展基金从一期20亿元增至50亿元，主要围绕"基金+基金、基金+园区、基金+产业、基金+人才"运作路径，为南通"3+3+N"产业发展提供动力引擎；截至2019年年底，陆海统筹母基金累计投资项目68个，投资金额21.7亿元，为南通引进落地产业项目25个，项目计划投资额约122.7亿元。

3. 金融扶持力度持续加大

积极拓宽涉海企业融资路径，加大海洋战略性新兴产业、现代海洋渔业、现代海洋服务业、涉海基础设施建设等方面金融扶持。2019年，南通市争取涉海各类信贷支持近80亿元；连云港市自然资源和规划局联合人民银行连云港市中心支行在赣榆区开展海洋经济"政银企"交流活动，推动金融支持海洋经济发展。

第五节　海洋资源管理和生态文明建设

1. 强化海洋资源利用管控力度

认真开展项目用海控制指标研究，增加生态岸线比例、建筑系数、生态建设经费等江苏特色指标；有序推进围填海历史遗留问题处理，完成现状调查，编制、报批历史遗留问题清单和生态评估、生态修复方案，并依据方案开展处理，南通滨海园区三夹沙临港工业区围填海历史遗留问题处理方案全国首家获自然资源部备案；稳妥开展无居民海岛开发利用历史遗留问题处理，研究推进秦山岛附属设施确权发证工作，运用远程视频监控等手段，加强外磕脚领海基点、秦山岛、阳光岛等海岛动态监视监测；开展海岸线修测，印发《江苏省海岸线修测工作方案》和《江苏省海岸线修测实施方案》，内外业工作和系统数据录入基本完成。

落实"放管服"改革要求，做好南通通州湾新出海口、盐城大丰港区和连云港徐圩港区等"一带一路"、长江经济带、长三角区域一体化发展重大国家战略项目用海服务保障工作。2019年，省政府批准项目用海25个，总投资额717亿元；田湾核电站5号、6号机组和江苏滨海液化天然气（LNG）用海获得国务院批准。

2. 深化海洋生态环境保护工作

2019年，海洋生态环境状况明显改善，总体状况向好。发挥"河长制""湾长制""断面长制""管长制"领导体制作用，强化水污染防治，开展入海入河排污口排查整治，直排海污染源排放总量持续下降。连云港市连云新城岸线整治与湿地修复获批2019年国家蓝色海湾整治行动项目，项目计划总投资10亿元，中央财政奖补资金3亿元，各项修复工程加快推进。

扎实做好浒苔绿潮灾害防控。建立浒苔绿潮防控工作机制，制定防控试验实施方案,有序推进浒苔绿潮防控试验。第一期试验涉及盐城和南通两市的大丰、东台、海安、如东、通州湾、海门、启东等8个县(市、区、示范区)紫菜养殖企业(个人)128家,全省共组织紫菜养殖企业出动作业人员1.3万人次,使用次氯酸钠原液1 600多吨,喷涂紫菜养殖筏架87 722台,面积约11.6万亩,实现养殖筏架应喷尽喷、喷后海上筏架和缆绳无浒苔附着预期目标。

3. 完善海洋预报减灾工作机制

加强江苏省海洋灾害预警监测工作,修订《江苏省海洋灾害应急预案》;强化与国家海洋预警预报机构会商,健全完善海洋灾害预警报发送途径,及时发布海洋预警信息,加强海洋灾害重点防御区现场指导,服务保障沿海人民群众生命财产安全和经济社会发展。2019年,共有4个台风影响江苏海域,未造成重大人员伤亡和重大财产损失。

第三章 2019年江苏省海洋产业发展情况

第一节 海洋渔业

海洋渔业持续健康发展。沿海地区严格落实捕捞总量控制制度，调整养殖结构，强化渔业资源养护修复。2019年，江苏省海水养殖产量91.5万吨，同比下降0.3%，海洋捕捞产量44.6万吨，同比下降6.2%，但海洋渔业产值略有增长。海洋牧场建设和试点示范有序推进，江苏省南黄海海域国家级海洋牧场项目进展顺利，建设形成12平方千米海洋牧场区，增殖放流各类海洋水生生物近5 000万数量单位，试点海域海洋生态系统修复成效显著。连云港市引进南极磷虾产业项目，于5月14日举行"深蓝"号渔业捕捞加工船试航暨产业项目开工仪式，项目总投资约30亿元，海洋渔业发展由浅海阔步走向"深蓝"。"深蓝"号是我国自主研制建造的第一艘渔业捕捞加工一体船，也是世界目前最大最先进的渔业捕捞加工一体船。

第二节 海洋交通运输业

海洋交通运输业平稳增长。2019年，江苏省沿海沿江港口完成货物吞吐量24.2亿吨，同比增长14.5%（图2）；集装箱吞吐量1 829.2万标箱，同比增长3.6%。在港口货物吞吐量和港口集装箱吞吐量方面，苏州港进入全国前10名，连云港港、南京港进入港口集装箱吞吐量全国前20名。沿海地区中，连云港港货物吞吐量达2.3亿吨，同比下降0.4%；集装箱吞吐量达478.1万标箱，同比增长0.7%。沿江地区中，长江南京以下12.5米深水航道投入运行，到达江阴港、镇江港的大吨位船舶数明显增加。江阴港货物吞吐量达2.2亿吨，同比增长27.5%；镇江港货物吞吐量达3.3亿吨，同比增长114.7%。苏州港货物吞吐量达5.2亿吨，同比下降1.8%，位列全国第6；集装箱吞吐量达626.7万标箱，同比下降1.4%，位列全国第9。连云港港发挥全球化航线优势，有效衔接苏北内河运输网络，打造苏鲁豫皖内河枢纽，以新云台码头、灌河国际为代表的海河联运成为连云港港与周边港口差异化竞争品牌。深入实施绿色港口三年行动计划，省港口集团累计投入近4亿元用于港口粉尘、水污染防治等工作，实现大宗散货码头作业粉尘监测全覆盖。

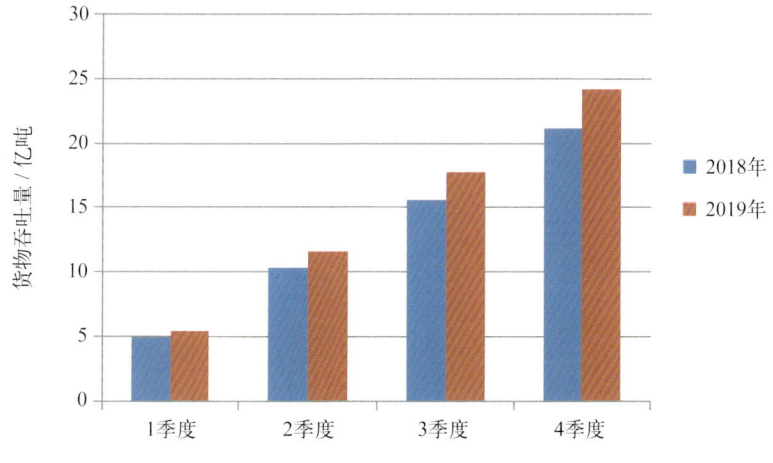

图2　2018—2019年江苏省沿海沿江港口货物吞吐量

第三节　海洋船舶工业

海洋船舶工业继续保持领先发展地位。2019年，受世界经济复苏放缓、国际贸易争端加剧、地缘政治风险频发等因素影响，新承订单量下降幅度较大，但三大造船指标仍位居全国第一。全省造船完工量1 801.7万载重吨，同比增长20.2%，占全国比重49.1%；手持订单量3 851.5万载重吨，同比下降8.3%，占全国比重47.2%；新承订单量1 224.1万载重吨，同比下降32.0%，占全国比重42.1%（图3）。船舶企业加大智能制造能力提升，智能制造试点示范项目单位南通中远海运川崎船舶工程有限公司，通过"全面钢板印字机""钢板数控切割""焊接机器人"等智能自动化生产线作业，缩短生产周期，降低物料消耗，减少作业人员。振华重工启东海洋

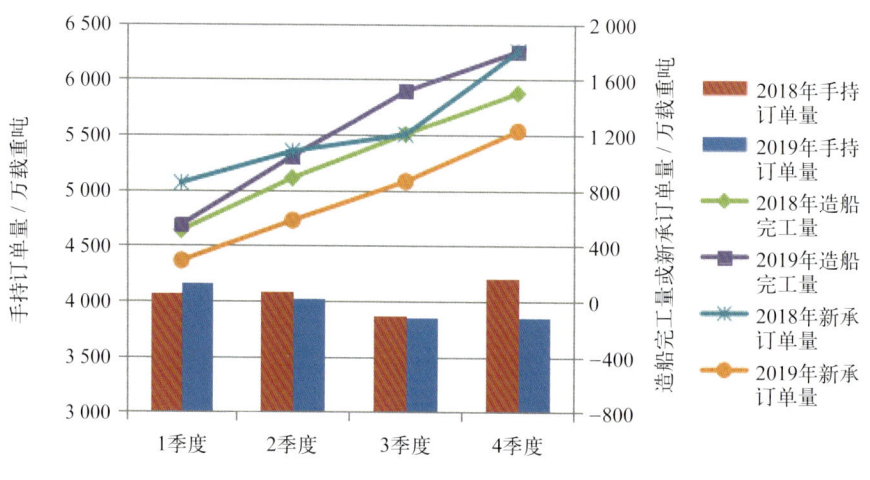

图3　2018—2019年江苏省三大造船指标

工程公司建造交付的两艘耙吸挖泥船"航浚6008""航浚6009"，配备目前世界上自动化程度最高的疏浚控制系统，可在各种工况下实现"智能"疏浚，施工效率比人工操作提高近15%，我国疏浚装备在"智能"领域实现突破。

第四节　海洋旅游业

海洋旅游业发展态势持续向好。2019年，沿海三市接待国内游客1.3亿人次，同比增长10.6%；接待入境过夜旅游者30.0万人次，同比增长2.0%（图4）。沿海地区积极打造旅游品牌，海洋旅游开发力度不断加大。南通市深入推动文化和旅游融合发展，以中心城区为核、沿江沿海为带，打造连接城乡、主客共享、线路互联、客源互通的休闲旅游网络，举办2019中国森林旅游节，开发"江海之旅"等文化旅游产品。盐城市加快海盐文化旅游资源开发，保护海盐生产技艺非遗传承，打造海盐文化旅游品牌，中国海盐博物馆提升改造工程顺利竣工并正式对公众开放。连云港市举办连云港之夏旅游节、西游记文化节、"一带一路"国际音乐节等节庆活动，打造连云港文化旅游节，全面展示连云港城市形象。

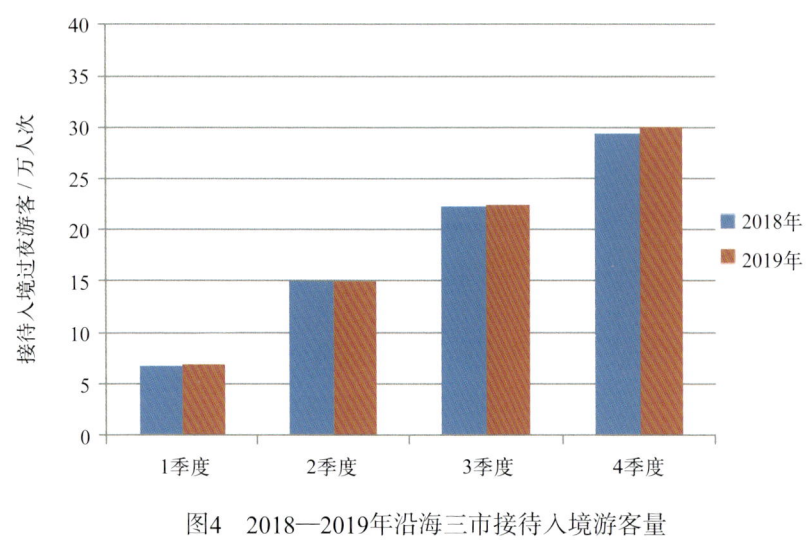

图4 2018—2019年沿海三市接待入境游客量

第五节 海洋工程装备制造业

海洋工程装备制造业国际竞争力明显提高。海工装备制造企业抓住全球海工装备上游运营市场温和复苏趋势，积极推动传统产品"去库存"，加快推进海工装备智能化转型，产业综合竞争力得到显著提升。振华重工自主研制、振华启东公司负责实施的2500吨坐底式海上风电安装平台进入安装关键阶段，该平台是世界首创新型风电安装平台，拥有近20项创新技术。南通润邦海洋工程装备有限公司成功签约一艘600吨自升式海上风电大部件更换运维平台，成为国内首艘专用于海上风电大部件维修更换、运营维修的风电运维平台。江苏科技大学牵头承担的国家重点研发计划"深海关键技术与装备"重点专项——"基于增材制造技术研制用于FLNG装置的紧凑高效换热器"通过总体设计方案评审。启东中远海运海洋工程有限公司建造的目前世界上最先进的半潜式海洋生活服务平台"高德4号"成功交付,其电气、通风、管路等系统的基本设计及全部详细设计、生产设计均独立自主完成。

第六节　海洋可再生能源利用业

海洋可再生能源利用业发展势头强劲。2019年,海上风电装机容量累计达到423.0万千瓦,同比增长39.9%;海上风电发电量达到79.6亿千瓦时,同比增长28.5%(图5),海上风电装机容量和海上风电发电量居全国首位。

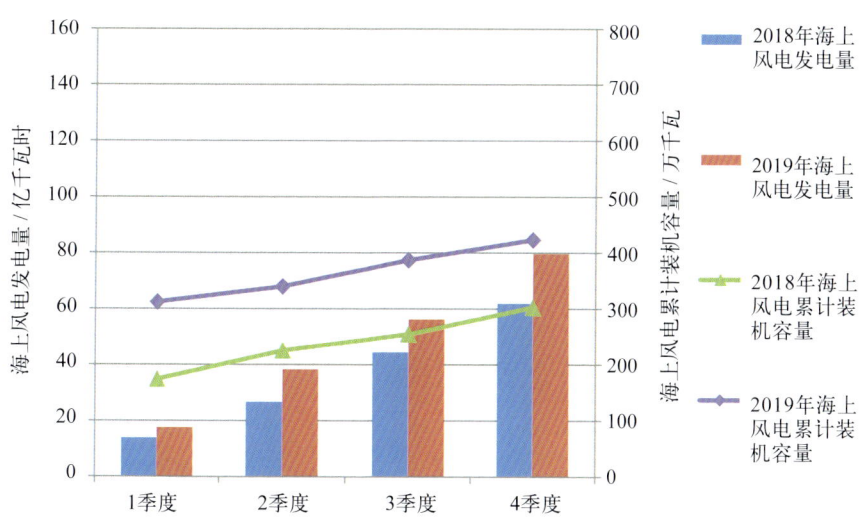

图5　2018—2019年江苏省海上风电装机容量、海上风电发电量

江苏省政府与中国华能集团有限公司签署战略合作协议，深化能源领域战略合作，以加快海上风电开发和加强装备制造产业建设为中心，建设研发、制造、施工、运维一体化的华能江苏千万千瓦级海上风电产业基地，计划投入1 600亿元。华能海上风电技术研发中心正式落户盐城市，将为盐城市乃至江苏省海上风电产业高质量发展发挥技术支撑及示范引领作用。目前，国内离岸最远的海上风电场华能大丰一期30万千瓦海上风电场正式并网运行，大丰海上风电场7号风机成功并网发电。国内首个海上风电一步式建造研发中心落户南通市。

第七节　海洋药物和生物制品业

2019年，以海洋生物制品为主、产业链条上下延伸的海洋药物和生物制品产业体系持续健康发展。全年实现增加值55亿元，比上年增长12.2%。盐城市大力推进海洋生物产业发展，围绕项目推进、园区建设、科技创新三个重点，加快附加值低的传统海洋食品加工产业向技术含量高、产业链长的海洋生物新兴产业转型升级，在规模、特色、品牌等方面，取得明显成效。

第八节　海水淡化和综合利用业

国家发展和改革委员会、自然资源部鼓励促进海水利用产业发展，在海水淡化用电、政策性金融等方面予以支持。江苏省海水利用市场规模快速扩大，海水淡化能力不断提升。2019年，海水淡化产量达1.3万吨，同比增长15.4%（图6）；海水直接利用量71.9亿吨，同比增长26.9%。全年实现增加值2.9亿元，比上年增长9.8%。南京大学朱嘉教授团队结合新型界面光热转换设计，创新性地设计出一种应用到海水淡化上的新型吸收体材料，光热蒸汽转化效率可达90%，水质满足WHO（世界卫生组织）饮用水标准。

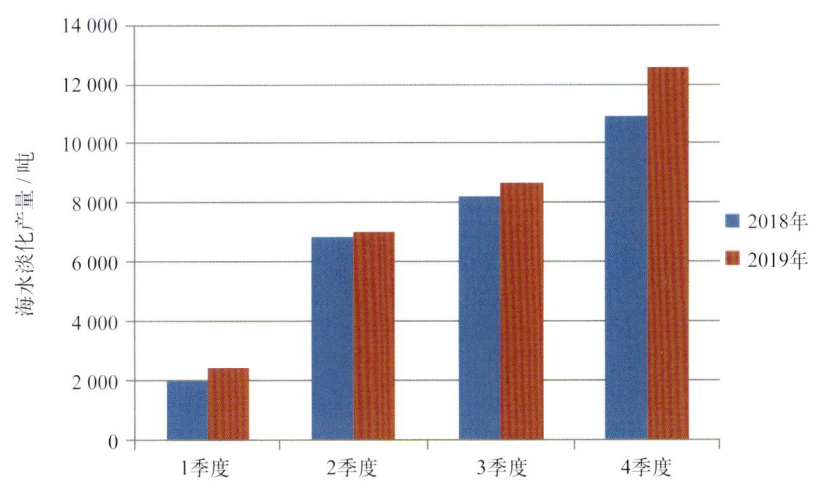

图6 2018—2019年江苏省海水淡化产量

第二篇　区域篇

第四章　沿海地区海洋经济发展情况

第一节　南通市

南通市管辖海域面积8 701平方千米，海岸线长约284千米。2019年，南通市抢抓长江经济带、长三角区域一体化等多重国家战略叠加机遇，全力打造江苏新出海口，以海洋经济创新发展示范城市建设为契机，将海洋经济作为拓展新空间、打造新引擎、积蓄新动能主攻方向，加快推进全市海洋经济高质量发展。

1. 2019年海洋经济发展情况

（1）海洋经济发展总体情况

海洋经济总量稳步提升。2019年，南通市实现海洋生产总值2 083.77亿元[①]，比上年增长3.2%，占地区生产总值的22.2%，占江苏省沿海三市海洋经济生产总值的1/2，约占江苏省海洋经济生产总值的1/4。

海洋产业结构持续优化。海洋领域供给侧结构性改革全面推进，海洋第二产业"稳定器"功能突出，海洋第三产业发展潜力巨大。海洋渔业不断探索休闲渔业发展新模式，海洋船舶制造业加快

---

① 2019年南通市海洋生产总值为国家反馈数。

向高端海工装备和高附加值船舶转变,海洋交通运输和港口物流等产业深化转型升级。海洋产业新动能培育取得积极进展,以海上风电、海工装备为代表的海洋战略新兴产业持续快速增长。

海洋科技能力不断提高。南通市积极支持涉海企业组建产业联盟、构建海洋新兴产业多元化创新平台,推动海洋领域"产学研用"密切合作,激活产业链协同创新强大势能。全市拥有11个省级海洋产业创新联盟,8个国家级海洋装备工程技术研究中心,7个海洋类院士工作站,有效促进涉海科技资源整合和领域内交流与合作,提升集成创新能力和服务水平。

(2)主要海洋产业发展情况

船舶海工制造业稳中有进,转型升级走向深入。2019年,南通市造船三大指标中,造船完工量实现增长,新承接订单、手持订单同比下降,总体趋势与全国一升两降态势保持一致。2019年,全市造船完工量330.9万载重吨,同比增长23.6%,高于全国平均水平;海洋工程及特种船舶产量417.8万综合吨,比上年增长17.9%。南通船舶海工产业国家新型工业化示范基地被工信部评为五星级基地,一批"大国重器"陆续诞生、顺利交付:亚洲最大重型自航绞吸船"天鲲号"正式投产,标志着中国疏浚装备研发建造能力处于世界先进水平;我国自主建造的首艘极地探险邮轮在南通海门开启试航之旅,引领并驱动国内船舶制造企业踏上"邮轮中国制造"新征程;半潜船"马林(BLACK MARLIN)"轮一次装船20艘,创造长江"船装船"新纪录;中国首艘1 300吨自升自航式风电安装船"铁建风电01"正式交付。

海洋渔业发展质量效益同步提升,优势地位不断巩固。南通市积极提升渔业生产效率和安全生产保障能力。2019年,全市海洋渔业发展势头良好,海水养殖面积118.8万亩[①],海水养殖产量33.2万吨,总量全省第一;海洋捕捞产量23.4万吨,占全省的52%;远洋渔业发展稳定,全年远洋捕捞产量累计1.2万吨。

海洋交通运输业快速推进,服务能力持续提高。南通市港口基础设施建设成效显著,已建成沿江沿海生产性泊位127个,形成货物通过能力1.4亿吨,其中3.5万吨级及以上泊位28个。"一港两翼、通江达海联河"水运格局基本形成。2019年,南通港(不含内河)吞吐量3.36亿吨,在江苏省10个沿江沿海港中排名第2,全国沿海港口排名第11,集装箱吞吐量154.2万标箱,同比增长59.3%。

海上风电产业势头强劲,装机规模不断壮大。南通市不断优化能源布局,加快海上风电产业链式发展,建有国内唯一的"海上风电母港"。规划建设海上风电总装机容量610万千瓦,占全省42%,已建成投产海上风电项目9个,装机规模145万千瓦,约占全国1/4。加快推进海上风电设备产业发展,打造全国最大的风电产业配套装备产业园,推动风电产业链融合发展,中天科技海缆、海力风电钢结构制造等产品已占到全国海上风电60%以上市场份额。2019年度,南通市风电场应税销售收入(发电收入)29.59亿元,风电产业应税销售收入约300亿元。

---

① 1亩≈666.67平方米。

海洋旅游业较快发展，业态潜能进一步释放。南通市围绕建设长三角富有魅力的著名旅游目的地，重点布局具有示范性、带动性沿海旅游项目建设。恒大文旅城（启东）一期建成开园，宋城·吕四千古情项目有序推进，长泰海滨城初具规模，如东小洋口海之城、鼎瓯东方温泉康旅城、温泉摩天轮、玫瑰花海等重特大滨海旅游项目落地开工。海洋旅游产业保持较快增长，滨海旅游呈现多元化发展态势，恒大碧海银沙景区被评为"江苏十大旅游新景区"，黄金海滩景区通过国家4A级旅游景区资源评审，如东小洋口创成"中国温泉之乡""中国体育旅游精品景区"，圆陀角海韵小镇入选省级旅游风情小镇创建单位，如东栟茶美食风情小镇进入培育名单。2019年，全市实现旅游收入782.7亿元，同比增长10.4%；接待海内外游客5 271.1万人次，同比增长10.2%。

2. 2019年重点举措

（1）调整产业结构，优化功能布局，释放经济活力

在海洋产业结构上，南通市精心绘制"3+3+N"产业体系蓝图，以江苏新出海口建设为引领，积极推进中天精品钢等重大项目建设，针对性培育大进大出、低耗少排的钢铁新材料、石化新材料、生物基新材料等沿海临港高端绿色产业；做强做优船舶及海洋工程装备、智能港口机械、海上风电设备等海洋高端装备产业，建成国家海洋高端装备产业研发基地和制造基地，持续推动海洋现代

产业体系向布局集聚化、结构合理化和产品高端化方向发展，建设富有区域特色的现代海洋产业集群。在海洋功能布局上，立足江海错位、产业集聚、组团发展，以"大通州湾"为平台，重点建设"一核二区一带"，即做强以通州湾为龙头的沿海核心发展区，提质洋口港、吕四港"港口作业区+临港开发园区"的前港后产配套区，打造海岸线滩美景优、人和物丰的海洋生态绿色风光带，着力构建以高端装备制造、新材料和新一代信息技术为主导，能源和现代物流为支撑，文旅休闲为特色的海洋产业格局。

（2）加速升级转型，传统海洋产业实现创新发展

在海洋船舶产业上，南通市持续推动船舶企业开拓高技术、高附加值船舶市场，进军豪华邮轮、海工装备等高端产品领域，建成交付了一批世界首制、国内首制船型，实现由外壳制造向核心智造的转变。全市近1/3船舶企业进入海工装备制造与配套领域，为全市海洋船舶和工程装备产业稳健发展创造条件。在海洋渔业发展上，南通市启动编制《养殖水域滩涂规划》，优化海洋渔业养殖布局，加快促进产业转型升级；提升全市渔港建设、标准化池塘改造等渔业基础设施建设，形成渔港经济带；大力推动传统渔业提质增效，重点扶持生态养殖、休闲渔业等循环产业，打造海洋渔业经济绿色增长极。

（3）提升科技创新，产业链协同创新带动高质量发展

科技创新带动技术创新，南通市加强与上海科创中心、江苏省产业科创中心、苏南科创园区合作，构建产业技术创新联盟，围

绕各类特色产业，建设一批产业研究院和孵化器，加快创新成果转化。紧抓海洋经济创新发展示范城市机遇，通过产业链协同创新类项目示范引领，探索构建企业和高校院所"产学研"协同创新模式，打造一批优势产品、特色品牌和公共服务平台，推进相关产业链上中下游多个行业协同发展，形成以海洋高端装备制造为特色的优势互补、分工合理、布局优化的先进产业链条，推动海洋产业结构优化布局和集聚创新发展。

（4）注重生态保护，海洋生态优先促进绿色发展

在健全制度保障方面，南通市制定"湾（滩）长制"实施方案，建立健全陆海统筹、河（江）海兼顾、上下联动、协同共治的治理模式，推进工业源、农业源、生活源、船舶移动源一体化治理，全面增强海湾（滩）自净及修复能力。在生态保护修复方面，南通市加强海洋生态多样性和重要海洋生态保护，落实海洋工程项目生态补偿制度；有序推进海岸线整治修复工作，全年完成整治修复岸线23.7千米，全市自然岸线保有率进一步提升。

第二节　盐城市

盐城市管辖海域面积1.89万平方千米，海岸线总长582千米，占江苏省的56%。2019年，盐城市抢抓建设海洋强国、淮河生态经济带和长三角区域一体化发展等战略机遇，坚持陆海统筹发展和"两海两绿"战略路径，着力推进海洋主导产业和海洋经济示范区

建设，全力推动海洋经济高质量发展，全市海洋经济继续保持稳中有进增长态势。

1. 2019 年海洋经济发展情况

海洋经济总量稳步增长。2019年，盐城市实现海洋生产总值1 143.6亿元[①]，同比增长2.7%，占地区生产总值的20.1%；占江苏省海洋生产总值的14.8%，与2018年基本持平。

海洋传统产业发展平稳。随着江苏省沿海开发建设加速推进，盐城市海洋交通运输业和海洋旅游业继续保持较快发展。港口和海上风电等项目建设步伐加快，推动海洋工程建筑业发展。着力推进沿海生态渔业和渔港经济发展。积极发展高效设施渔业，大力发展鳗鱼、鲷鱼、沙蚕、鲆鲽鱼等特色水产品养殖，打造沿海现代渔业标准化规模养殖示范区、国家级种苗繁育中心和全国最大的温室沙蚕养殖基地。加快推进方塘河海洋渔港经济区发展，打造集特色渔业、渔港产业、风情镇村为一体的渔港产业经济区。

海洋可再生能源利用业持续增长。2019年，盐城市海上风电及其装备制造业为代表的海洋战略性新兴产业步入持续快速增长阶段。全市已建成投产海上风电场10座，装机规模达291.3万千瓦，海上风电装机容量占全国1/2，全球 1/10，年发电量达64亿千瓦时，产值30.2亿元，比2018年增长一倍。以大丰、东台、阜宁、射

---

① 2019年盐城市海洋生产总值为国家反馈数。

阳、亭湖、市开发区六大新能源装备园区为载体，基本形成风电装备产业研发、生产、建设、运维服务全产业链。大丰港风电产业集中区开票销售收入突破160亿元，风电叶片出口量连续三年位列江苏口岸第一，成为中国风电叶片出口三大基本港口之一。中国节能环保集团公司在东台沿海建成全球单体最大的"风光渔"一体化滩涂地面光伏电站，广恒新能源20万千瓦海上风电项目成功并网发电，国华四期（H2）30万千瓦、双创新能源竹根沙（H2）30万千瓦海上风电项目进入施工阶段。

海洋药物和生物制品业加速发展。盐城市依托沿海工业园原料药生产基地和规模企业集聚优势，把发展生物医药健康产业作为接轨上海重要内容之一，吸引上海知名药企和研发机构把滨海医药产业园作为新药产业化基地。滨海医药产业园重点发展生物制药、化学制药、现代中药、医疗器械及健康保健五大产业，突出抗肿瘤、抗艾滋、抗感染、心脑血管、生物制剂五大产品体系，配套建设邻里中心、能源供应、环保服务、产业平台和物流储运五大中心，推进打造大健康产业国家高新区。

海洋生态保护力度不断提升。2019年7月5日举行的第43届世界遗产大会，联合国教科文组织世界遗产委员会审议通过将中国黄（渤）海候鸟栖息地（第一期）列入《世界遗产名录》。遗产地第一期范围包括盐城湿地珍禽国家级自然保护区部分区域、大丰麋鹿国家级自然保护区全境、盐城条子泥市级湿地公园、东台市条子泥湿地保护小区和东台市高泥淤泥质海滩湿地保护小区。该项目为全球第二块潮间带湿地遗产，填补了我国滨海湿地类型遗产空白，成为江苏首项世界自然遗产。盐城市深度挖掘"世遗"内涵，围绕平原森林、沿海湿地和候鸟天堂三张"金名片"，高标准打造"勺嘴鹬"独特地标，抓紧完善基础设施和功能配套，精心组织系列宣传推介活动，推动打造成为世界知名旅游目的地。

2. 2019 年重点举措

推进国家级海洋经济发展示范区建设。盐城市围绕"探索滨海湿地、滩涂等资源综合保护与利用新模式，开展海洋生态保护和修复"主要示范任务，坚持生态立市和海洋绿色发展理念，积极开展示范区实施方案编制和示范区项目建设，探索淤长型滩涂综合保护和废弃盐田高效集约开发的发展模式，示范区建设取得阶段性成果，东台片区生态项目和滨海片区基础设施项目有力推进。依托滨海深水大港，加快港口物流业发展，打造省级物流示范园区。加快重大项目落地建设，金光生态循环科技项目、中海油300万吨液化天然气储备项目等重大项目顺利签约。

立法规范海洋生态保护工作。2019年6月21日，《盐城市黄海湿地保护条例》（以下简称《条例》）由盐城市第八届人民代表大会常务委员会第二十一次会议审议通过，经江苏省第十三届人民代表大会常务委员会第十次会议批准，自2019年9月1日起施行。《条例》共7章47条，在对黄海湿地进行明确界定基础上，从规划、保护、利用、监督管理、法律责任等方面作出全面规范，全方位保护盐城黄海湿地，维护黄海湿地生态功能完整性和生物多样性，促进黄海湿地资源可持续利用。同时，盐城、南通两市的12家法院签订《黄海湿地生态环境保护司法协作框架协议》，形成司法保护合力，切实提高黄海湿地保护、管理和利用水平。

开展海洋经济运行监测与评估。盐城市认真组织海洋统计报表制度和海洋生产总值核算制度的统计上报工作，科学开展海洋经济运行监测季度分析，编制年度海洋经济发展报告，及时准确掌握全市海洋经济运行情况。

着力加强海域综合管理。严格落实国务院严控围填海政策，持续推进自然保护区缓冲区退渔还湿工作，制定围填海历史遗留问题处置实施方案。加强对管辖海域海岸线日常巡查，编制巡查报告。

组织开展浒苔绿潮灾害早期预防试验工作。根据自然资源部和江苏省政府部署，盐城市组织东台市、大丰区开展辐射沙洲海域紫菜养殖区浒苔绿潮灾害早期防控试验，编制防治实施方案。2019年年底，完成第一次除藻剂喷涂工作。

第三节　连云港市

连云港市管辖海域面积6 677平方千米，海岸线总长211.6千米，海岸类型涵盖基岩海岸、砂质海岸和粉砂淤泥质海岸等，其中基岩海岸和砂质海岸为江苏省内独有。海岛资源优越，江苏省境内

26个岛屿有20个分布在连云港海域。连云港市战略区位优越，是全国首批沿海开放城市、新亚欧大陆桥国际经济合作走廊东方起点、江苏省"一带一路"交汇点建设的核心区和先导区。

1. 2019年海洋经济发展情况

（1）海洋经济运行总体情况

连云港市抢抓"一带一路"和江苏沿海开发等国家重大发展机遇，科学开发利用海洋资源，大力发展海洋经济，加快由"海洋资源大市"向"海洋经济强市"转型，海洋经济"蓝色引擎"作用持续发挥，成为全市经济发展重要增长极。2019年，连云港市实现海洋生产总值853.27亿元[①]，同比增长2.8%，占地区生产总值的27.2%，形成滨海旅游业、海洋渔业、海洋交通运输业、海洋装备制造业等产业协同发展良好格局，呈现总量提升、结构优化、动力增强发展态势。

（2）主要海洋产业发展情况

海洋渔业。2019年，连云港市按照"调近岸、谋深水、控捕捞、兴养殖、扶加工、优供给"发展思路，加快转变海洋渔业发展方式，推进海洋渔业供给侧结构性改革，大力推进深蓝产业和健康生态养殖，海洋渔业发展势头总体良好。2019年，全市海洋捕捞

---

① 2019年连云港市海洋生产总值为国家反馈数。

产量12.5万吨，海水养殖面积达到4.9万公顷[①]，海水养殖产量26万吨。加快海洋牧场建设，积极发展海产品电商产业、海产品精深加工以及冷链物流，海洋渔业新生动力持续增强。赣榆区水产品电商业蓬勃发展，获批"江苏省农村电商示范县"。

海洋船舶工业。受国际贸易形势、产能过剩等因素持续影响，连云港市船舶工业企业部分倒闭退出，部分停工停产。截至2019年年底，全市共有船舶工业企业12家，其中规模以上4家，主要集中在灌河口的灌云县和灌南县。2019年，4家规模以上企业完成工业总产值2.3亿元，同比增长53.8%；实现主营业务收入2.4亿元。

海洋工程装备制造业。连云港市已初步形成以连云港中复连众复合材料集团有限公司、中船重工第七一六研究所等企业和科研院所为代表的产业集群，产品涵盖海上风电、海水淡化装备制造等领域。中复连众风电科技有限公司不断加快海上和低风速风电叶片生产，拥有各类型叶片生产线8条，年产海上风电叶片710片。中复新水源科技有限公司加快推进年产400万平方米高端反渗透膜及元件项目，主要生产海水淡化膜、苦咸水反渗透膜、低能耗高脱盐膜及元件等。

海洋可再生能源利用业。连云港市海上风电产业尚处于起步阶段，目前仅有华能灌云海上风电场（300兆瓦）工程1个在建项目。项目建成运行后年上网电量7.4亿千瓦时，风场拟布置46台单机容量6.45兆瓦、2台单机容量3.3兆瓦的风机组，工程总投资约为

---

① 1公顷＝10 000平方米。

54亿元。截至2019年年底，项目累计完成投资26亿元，首批机组于2020年4月并网发电。

海洋药物和生物制品业。依托优越的医药产业基础和千亿级"中华药港"建设，连云港市海洋生物医药业发展前景良好。2019年，南极磷虾产业高值化项目开工，总占地面积200亩，一期计划建设年产400吨高品质南极磷虾油、年产100吨南极磷虾蛋白肽、年产200吨FD冻虾干生产线，预计产值超10亿元。二期计划建设南极磷虾油软胶囊、南极磷虾蛋白肽保健品等海洋生物医药项目，预计产值200亿元。另外，连云港市在甘露醇、海藻酸钠、海藻酸钾等藻类提取物生产方面已形成一定规模。

海洋工程建筑业。2019年，连云港市在建海洋工程项目主要有华能灌云海上风电场（300兆瓦）工程项目、连云港市连云新城蓝色海湾基础工程、盛虹炼化一体化配套港储项目码头工程、连云港港徐圩港区四港池43#～45#液体散货泊位工程，计划总投资95.3亿元。截至2019年年底，已累计完成投资38亿元，其中2019年度完成投资17.6亿元。项目共计提供就业岗位2 209个。

海洋交通运输业。2019年，连云港港累计完成货物吞吐量2.3亿吨，同比下降0.4%；集装箱运量完成478.1万标箱，同比增长0.7%。其中，新圩港码头以24.9%的平均增长率领跑增幅榜，新苏港码头以277.2万吨占据绝对增量榜首。两翼港区吞吐量合力完成3 695万吨，同比增长10.9%。中哈物流基地、上合物流园分别完成物流量296万吨、2 129万吨。

连云港港贸易结构不断优化，以集装箱、铁矿石等为代表的主要货种及生产业务多点开花、齐头并进，全港累计作业10万吨级以上开普船425艘次，同比增加43艘次，日均装车1 924节，同比增加97车，增幅5.3%。航线布局不断优化，班列开行稳定有序。累计新开航线9条，其中，近洋航线3条、内贸航线3条、内河航线3条。中欧班列开辟铁空联运新方式，探索"保税+出口"混拼新模式，哈萨克斯坦小麦过境开辟马来西亚第二国际市场。

海洋旅游业。连云港市"山、海、岛、城"相拥，海洋旅游资源十分丰富，发展势头良好。连云港市深挖海洋文化旅游元素，成功举办国际西游记文化（旅游）节、赣榆徐福海洋文化节以及"连云港之夏""连博会"等一系列重大活动。2019年，全市接待国内外游客4 270万人次，实现旅游收入612亿元。连岛景区顺利通过国家5A级景区资源评审，正式进入国家文化和旅游部批准的5A创建预备单位。

2. 2019年重点举措

抓队伍，完善海洋经济工作体系。通过重点抓好"系统核查员、部门联络员、企业信息员"三支海洋经济统计人员队伍建设，推动建立自然资源和规划系统内市局、县区局（分局）、基层所上下联动三级工作体系，对接各市级相关单位明确专人负责具体涉海统计工作，与重点涉海企业建立联系制度，做好海洋经济数据统计和发展情况共享。海洋经济统计工作横向和纵向上得以充分延伸，逐步形成网格化。

抓创新，强化海洋经济发展试点示范。连云港市加快推进海洋经济发展示范区建设，深入推进海陆物流一体化发展。2019年9月，连云港市举行"一带一路"国际港航合作论坛，苏鲁豫皖海河联运港际联盟宣布成立，协力推动京杭运河、连申线、淮河、沙颍河等航道升级扩能，努力实现区域成网、通江达海，拓展海洋经济发展腹地空间。连云港市新亚欧大陆桥集装箱多式联运入选国家示范工程。

2019年8月，国务院批复同意设立中国（江苏）自由贸易试验区，并印发《中国（江苏）自由贸易试验区总体方案》。江苏自贸试验区实施范围119.97平方千米，涵盖南京、苏州、连云港三个片区。其中，连云港片区实施范围20.27平方千米（含连云港综合保税区2.44平方千米），定位为建设亚欧重要国际交通枢纽、集聚优质要素的开放门户、"一带一路"沿线国家（地区）交流合作平台。自贸区获批以来，连云港片区坚持制度创新为核心，围绕片区功能定位，形成28条政策举措，启动实施一大批设施载体，产生一批具有连云港特色的创新实践案例，新增市场主体超千家。12月15日，中国（江苏）自由贸易试验区连云港片区管委会揭牌成立，召开江苏知名企业家走进连云港暨连云港自贸片区创新合作推介会，签约项目28个，预计总投资220.9亿元，其中现场签约项目13个，预计总投资98.5亿元，主要涉及新医药、新材料、装备制造、物流、旅游等产业。

重生态，海洋可持续发展能力不断增强。连云港市加强浒苔绿潮监视监测，构筑"海、陆、空"一体预警监测体系，在江苏省率先开展市级浒苔绿潮监视监测简报编制，制作《连云港市浒苔绿潮监视监测简报》8期。全面推进"湾长制"试点，建成市、县、镇、村四级"湾长制"体系，基本形成"以海定陆、以陆护海、网格协同、信息保障"模式，2019年江苏省"湾长制"建设会议要求以连云港市经验为蓝本在全省全面推进。2019年，连云港市海域环境状况总体良好。

第五章　沿江地区海洋经济发展情况

第一节　南京市

南京市是江苏省会城市，位于长江下游，是我国东部重要中心城市、全国重要科研教育基地和综合交通枢纽，对长三角区域一体化发展发挥重要带动作用。南京市并非沿海城市，但历史上和现实中，南京通江达海的特点，使其成为连接海上丝绸之路和陆上丝绸之路的重要节点，海洋交通运输业、海洋船舶工业、海洋工程装备制造业、海洋信息服务业等海洋产业已形成一定产业规模，构成南京市海洋经济的主体，四大主要海洋产业涉海单位数量合计占全市涉海单位的79.8%，海洋经济发展潜力较大。

1. 海洋交通运输业

作为江苏省的交通枢纽，南京市海洋交通运输业发展迅速，成为全市规模最大、发展基础最好的海洋产业。南京港是全国重要内河港口，水路距长江入海口347千米，是江海相通的对外轮开放第一大港。2019年，南京港实现港口货物吞吐量2.6亿吨，同比增长4.6%，其中外贸货物吞吐量3 312万吨，同比增长7.6%，占总数的12.9%。面对中美贸易摩擦加剧、国际贸易保护主义抬头对海洋交通运输业的冲击，南京港积极拓展市场，控制成本，提高经营效益，攻坚克难，取得积极成效。长江南京以下航道水深从10.5米增加到12.5米，通航海轮从3万吨级提高到5万吨级，航道通过能力提升一倍。2019年1月，搭载24个液化天然气（以下称LNG）罐式集装箱（以下称罐箱）的"建功9"轮在南京龙潭港完成卸载，中国第一次LNG罐箱江海联运试点工作圆满成功，为打通LNG运输"最后一千米"、打造LNG"海进江"新通道提供了有益尝试。2019年8月，总投资150亿元的长江邮轮母港落户栖霞山江岸，招商局集团将在此建设港城一体游轮基地，助力南京打造中国内河第一个国际邮轮城市，南京市海洋交通运输业、海洋旅游业等将迎来新一波发展机遇。

2. 海洋船舶工业

2019年，我国船舶工业供给侧结构性改革不断推进，三大船舶央企重组稳步推进，其中，招商局集团有限公司旗下招商局工业集团有限公司整合南京金陵船厂、中航威海船厂和中航鼎衡造船有限公司，打造招商金陵特种船业务新品牌，南京市海洋船舶业迎来新一轮发展。2019年4月，为意大利Grimaldi公司建造的首艘7 800米车道滚装船在金陵船厂仪征厂区点火开工，2019年12月顺利出坞。该船是Grimaldi公司批量建造的9艘同型船的首制船，是目前世界最大、最先进的采用混合动力的新一代环境友好型货物滚装船，其总长238米，型宽34米，航速20.8节，拥有7 800米车道承载能力，采用双低速机、双CPP桨以及双流线型半平衡襟翼舵（舵桨匹配），配备了气层减阻系统、太阳能蓄电池储能系统、有机硅弹性防污漆、脱硫塔及压载水处理系统等多项节能环保装置，具有节能环保、货物装卸灵活高效等特点。

3. 海洋科研教育管理服务业

南京市高校云集，海洋科研力量雄厚。2019年，南京大学地理与海洋科学学院在南海南沙群岛珊瑚礁遥感监测方面取得重要进展，使用时间序列卫星遥感影像进行南沙群岛珊瑚礁全覆盖地貌制图，绘制珊瑚礁"淹没频次"，加深了对南沙群岛珊瑚礁范围、分布以及淹没情况的认知，对海上航行安全和海洋环境保护等均具有重要意义。南京师范大学海洋科学与工程学院在关注传统海洋科学基础研究上，追踪海洋学科发展前沿与热点，不断培养新的学科生长点，有力支撑海洋学科建设与地方经济发展。2019年4月，东南大学交通运输学院河流海洋研究中心成立，侧重研究港口及航道工程、海岸工程及防灾减灾、水环境与水动力学、水运工程规划与管理等方向，申请并开展国家自然科学基金委的多个研究项目，为南京市海洋科研事业发展添砖加瓦。

第二节　无锡市

无锡市海洋经济以海洋工程装备制造业、海洋交通运输业、海洋船舶工业、海洋产品批发业、海洋信息服务业五大产业为主。其中，海洋工程装备制造业、海洋交通运输业涉海企业数量占比超过总量的30%，为无锡市排名前两位的海洋产业。

1. 海洋船舶工业和海洋工程装备制造业

无锡市已形成较为成熟的海洋船舶工业和海洋工程装备制造产业链。2019年11月29日，中国船舶工业集团有限公司投资设立的中国船舶海洋探测技术产业园在无锡市高新区正式启用，总规划面积近600亩，分二期建设，目前已入驻的企业有中船海鹰企业集团有限责任公司、中船海洋探测技术研究院有限公司等。产业园聚焦海底观测网、水下安防装备、海洋油气资源勘探装备、海洋工程水下无人装备、海洋仪器电子设备、船舶配套等非标设备、医疗电子等产业方向，打造无锡市海洋经济的重要产业基地和创新高地。

中船澄西主要从事船舶及海洋工程修理、建造及大型钢结构件制造，具备年修理和改装30万吨级及以下各类船舶150艘、建造巴拿马型及以下船舶10艘、产钢结构5万吨、制作风力发电塔400套的生产能力。2019年5月，中船澄西为韩国SM集团建造的8.2万吨散货船顺利交付，全年共实现16艘新造船建设任务。

2. 海洋交通运输业

无锡（江阴）港是上海国际航运中心的喂给港、区域综合运输的换装港和经济腹地的集散港。2019年，江阴港全年累计完成货物吞吐量2.3亿吨，同比增长31.7%，创近年吞吐量增幅之最。该港煤炭及制品吞吐量9 342.2万吨，同比增长47.2%，占全港吞吐量40.4%；金属矿石吞吐量8 695.2万吨，同比增长17.4%，占全港吞吐量37.6%。外贸货物吞吐量5 250.1万吨，同比增长19.4%，其中进港5 011.7万吨，同比增长20.5%。

3. 海洋科研教育管理服务业

2019年7月，中国船舶重工集团公司第七〇二研究所设计的"永乐科考"号科学实验平台在马尾造船厂交付，该实验平台多个关键共性技术与专有技术取得突破性进展，是我国岛礁开发建设的重要利器；10月，七〇二所设计的"向阳红21"海洋调查船在黄海造船有限公司顺利下水，是国内首艘采用全电力吊舱推进的千吨级海洋调查船。七〇二所积极参与国际标准相关工作，主导关键技术领域国际标准制定，切实维护我国造船行业利益。2019年10月，七〇二所发起并主导制定的国际标准——《水声-船舶水下噪声测试的量值与流程——第2部分：深水域测量时声源级的确定》ISO17208-2（2019）正式发布，船舶水下辐射噪声测试是ISO

（国际标准化组织）与IMO（国际海事组织）共同合作并重点关注的领域。

第三节　常州市

常州市作为国务院确定的长三角地区中心城市之一，在生物医药、机械、材料、化工、电子领域发展优势明显，形成海洋工程装备、智能数控装备、工业机器人、农机和工程机械、汽车及零部件、轨道交通装备和通用航空七大产品群。目前，优势涉海产业包括海洋船舶工业、海洋工程装备制造业、海洋交通运输业、海洋药物和生物制品业、涉海设备制造业以及涉海材料制造业。

1. 海洋船舶工业

常州市海洋船舶工业中的游艇产业链相对完整。玻璃布丝企业、碳纤维企业、小型柴油机企业、玻璃钢船厂、船用电缆厂等共同构成相对完整的游艇产业链。

2. 海洋交通运输业

常州市海洋交通运输业发展较为稳健。常州港口岸拥有对外开放码头5座，其中对外开放万吨级泊位10个，年货物吞吐能力8 000万吨，可接卸集装箱30万标箱。2019年，常州港完成货物吞吐量4 156万吨，集装箱吞吐量26.1万标箱，同比分别增长4.1%和6.5%。

3. 海洋药物和生物制品业

常州市海洋药物和生物制品业虽然起步较晚，但发展潜力较大，已逐步形成以医药为主、工业生物技术并行的良好产业发展格局，形成一批竞争能力强、质量优、市场信誉好的生物医药产品群，奠定了海洋药物和生物制品产业发展基础。江苏奥奇海洋生物工程有限公司生产的奥奇牌鲛鱼油胶丸、奥奇牌角鲨烯胶丸等具有较强代表性。

4. 涉海设备制造业

涉海设备制造业属于常州市的传统产业，具有规模大、覆盖面较广、产业集聚度高的特点。典型涉海设备产品包括以公务船为代表的船舶产品和以螺旋桨为代表的船用设备等。

5. 涉海材料制造业

常州市涉海材料制造业涉及高性能碳纤维和复合材料、高性能膜材料、石墨烯薄膜、化学新材料（聚酯切片）等。其中，碳材料已形成相对完整的产业链，基本形成原丝生产—复材成型—装备制造—终端产品及相关配套产业链。常州市船舶海工电线电缆和防腐涂料油漆产业基础雄厚，中海油常州涂料化工研究院生产的自有品牌"阿沃德"涂料，已经开发五大系列近60种重防腐涂料产品，主要用于海洋工业重防腐及船舶防腐领域，先后应用于海洋石油钻井平台、采油平台、多功能支持平台、环保船等项目，打破了国外品牌产品的长期垄断局面。

第四节　苏州市

苏州市位于长江三角洲中部、江苏省东南部，作为有"东方威尼斯"之称的著名水城，境内的太仓市是郑和下西洋的起锚地，东方水文化、海洋文化的发展潜力巨大。苏州的优势海洋产业包括海洋交通运输业、海洋工程装备制造业、海洋船舶工业等。其中，海洋交通运输业是苏州市的主导海洋产业，占全市涉海单位总量的七成以上。

1. 海洋交通运输业

苏州港地处长江入海口咽喉地带，靠近国际航线，是长江出海口天然良港，具有明显区位优势和发展海运优良环境。苏州港由原国家一类开放口岸张家港港、常熟港和太仓港三港组成，拥有长江岸线139.9千米，是上海国际航运中心重要组成部分。2019年，苏州港实现货物吞吐量5.2亿吨，其中，外贸货物吞吐量1.5亿吨；实现集装箱吞吐量626.74万标准箱。张家港港务集团推动企业发展新旧动能转换，促进行业高质量发展，港口管理取得新的突破，2019年3月，在"第十七届交通企业管理创新年会"上获得管理创新项目二等奖2个、三等奖1个。

2. 海洋工程装备制造业

苏州市拥有海洋工程装备制造企业约200家，企业数量仅次于海洋交通运输业。张家港富瑞特种装备股份有限公司具备液化天然气（LNG）液化、储存、运输及终端应用全产业链业务能力，生产各类船用（LNG）供气系统、船罐、海水淡化设备及其他海工装备。天顺风能（苏州）股份有限公司，专门从事海上风电、新能源、智慧能源业务，其子公司苏州天顺新能源科技有限公司是集海上风电装备生产、海上风电场经营的新能源企业，天顺风能建立的常熟市风机叶片厂正式切入叶片领域。苏州道森钻采设备股份有限公司主要从事油气钻采井口装置、阀门及井控设备研发和制造，在深海石油钻探设备制造、水下系统和作业装备制造、海洋工程装备研发等领域得到广泛认可，与中石油、中石化、中海油等国内石油开采龙头企业建立长期合作关系，为中海油提供海洋钻井平台专用高压法兰、平台修井机防喷器组、快速关断阀等海上石油钻井平台专用装备。

3. 海洋船舶工业

苏州市海洋船舶工业是其主要海洋产业之一。张家港市久盛船业有限公司生产塔斯曼海散货船、K.K.3号化学品船、帕维尔油轮、佳士康35海工船等多种类型船舶,与20多个国家和地区建立商业往来。江苏常瑞船舶工程有限公司建立了9 620平方米的船台,设计能力负载自重1 000吨以上船舶,承建了冀水工108多用途船,冀水政001、002,中国海监5003,中国渔政32516,中国渔政32518,中国渔政32096,苏常渔01102,沪崇渔1448,沪崇渔1256,沪崇渔19317等船舶。

第五节　扬州市

海洋船舶工业、海洋工程装备制造业和海洋交通运输业是扬州市重点发展的产业,也是该市海洋经济发展的优势所在。涉海企业产业类别中,海洋船舶工业、海洋工程装备制造业、海洋交通运输业的涉海企业数量占全部涉海企业的93.1%。

1. 海洋船舶工业和海洋工程装备制造业

扬州市以江都经济开发区、仪征船舶工业园、广陵船舶(重工)产业园为载体,推进海洋工程装备和高技术船舶产业发展,形成由中远海运重工、中航鼎衡、金陵船舶、新大洋造船等骨干船企、中船重工七二三所等研发机构组成的集聚化、协同化发展格局，积极突破海洋风能等新能源开发装备自主设计建造技术，完成大型吸砂船高效率吸砂设备和系统集成研发等关键任务，重点发展海上风塔、自卸式吸砂船、船舶配套等一批海洋工程装备和高技术船舶。

2019年，扬州市造船骨干企业转型升级加快，全市规模以上海工装备和高技术船舶企业实现开票销售收入129.4亿元，增幅12.6%，入库税收1.8亿元，增幅11.3%，位居全市行业增幅前列。扬州中远海运重工的"远神海"号（H1443）轮第二代40万吨矿砂船入级中国船级社（CCS），该轮运用PAUT/TOFD无损检测及新型高强钢厚板焊接等新技术、新工艺，突出绿色、节能、环保和安全，是一款中国先进、世界领先的船舶产品。

2. 海洋交通运输业

扬州港全港拥有各类码头泊位39个，其中万吨级码头泊位13个，千吨级码头泊位17个，形成以六圩港区为龙头主港区，江都港区、仪征港区等为副港区的港口群，有13个国际著名集装箱公司班轮和5条内贸集装箱航线班轮挂靠。2019年，扬州港货物吞吐量首次突破1亿吨，其中外贸吞吐量1 039万吨；集装箱运量52万标准箱，其中外贸箱18万标准箱。

第六节　镇江市

镇江市位于长江与京杭运河交汇处，临江近海，海洋科技较为发达，海洋船舶工业、海洋工程装备制造业和海洋交通运输业等重点海洋产业发展良好。

1. 海洋船舶工业和海洋工程装备制造业

镇江市将海工与船舶产业纳入全市"3+2+X"产业链体系加以重点扶持，依托镇江高新区特种船舶、扬中高新技术船舶两大产业基地，构建特种船舶制造、海工装备制造、船舶关键配套、海工关键配套四大特色板块，推动优势海洋产业集聚发展。2019年，镇江市海工与船舶规模以上企业实现营业收入149.5亿元，同比增长3.2%。

江苏省镇江船厂（集团）有限公司是镇江海洋工程装备制造业重点企业，顺应"一带一路"倡议，与多国加强交流与合作，建立共同发展战略伙伴关系。2019年11月，公司被江苏省科技厅评为"苏南国家科技成果转移转化示范区产业化基地示范企业"。

2. 海洋交通运输业

地处长江和京杭运河两条黄金水道交汇处的镇江港，是长江三角洲重要的江海河、铁公水联运综合性对外开放港口，中国43个主枢纽港之一。拥有沿江港口岸线126千米，占全省6.5%，排名全省第二；深水岸线75千米，占全省12.3%，排名全省第一，其中具备建设10万吨级码头的岸线3.5千米。镇江港深挖港口基础设施潜力，推动水上过驳规范化经营，2019年，完成货物吞吐量3.3亿吨，同比增长114.7%，占全省的11.6%，其中外贸货物为4 300万吨，同比增长14.7%。涉海保险和沿海、内河船舶险等涉海金融服务业总产值194.8万元，同比增长49.3%。

3. 海洋科研教育管理服务业

2019年，镇江市海洋科研工作成果丰硕。江苏科技大学全年共计申请76件发明专利，17件实用新型专利，4件外观专利，10件PCT专利。其牵头申报的"海上波浪补偿关键技术与系列化应用装备"项目获得江苏省科技进步三等奖；参与申报的"大功率舵桨推进系统的关键技术研发及产业化"项目获得江苏省科技进步三等奖；牵头申报的"船用波浪运动补偿技术与系列化装备开发"项目获得中国造船工程学会一等奖；参与申报的"海上8MW级大型风机高效高稳自航自升式安装平台与关键技术"项目获得中国机械工业科技一等奖。9月，获得中国船级社颁发的质量（ISO9001）、环境（ISO14001）和职业健康安全（ISO45001）管理体系认证证书，完成专职科研单位和部门"三体系"建立及运行。12月，江苏省海洋资源开发高端装备（转化应用型）高价值专利培育示范中心在江苏科技大学成立，力图培育一批优势创新载体，创造一批高价值专利和专利组合，探索出符合科学发展规律的高价值专利培育方法，示范引领全省创新能力提升。

第七节　泰州市

泰州市依托滨江近海区位优势，形成较为完善的海洋产业体系，着力打造高端装备和高技术船舶先进制造业集群，海洋船舶工业、海洋工程装备制造业、海洋交通运输业等发展规模不断壮大，是全国最大的民营船舶制造基地和国家船舶出口基地。

1. 海洋船舶工业

面对严峻的国际贸易环境，竞争激烈的国际新造船市场，以及需求不足和产能过剩的矛盾，泰州市海洋船舶工业依靠技术创新，深化结构调整，加快转型升级，三大造船指标持续向好，均位居江苏省榜首。2019年，船舶行业造船完工量120艘1 004.4万载重吨，同比增长12.7%，占全球、全国、全省的比重达10.2%、27.4%和55.8%；新承接订单量81艘712.1万载重吨，占全球、全国、全省的比重达10.9%、24.5%和58.2%；手持订单量247艘1 930.9万载重吨，占全球、全国、全省的比重达10.3%、23.7%和50.1%。造船完工量全年累计超千万载重吨，重点船企手持订单已排产至2021年。2019年全年实现船舶制造业收入288.9亿元，比上年增长22%。

从地区分布看，海洋船舶工业企业主要分布在泰州市沿江的靖江市、泰兴市和高港区。2019年，泰州市重点船企紧紧围绕"交船是硬道理"，强化管理、提升质量，高效优质地完成在建产品，促进企业经济稳步前行。扬子江船业集团通过智能化、集成化管理手段，有效提升生产效率；通过优化设计，提高下水完整性；通过引进软件，推动管理走向数字化。新时代造船有限公司32.5万吨大型矿砂船的承建，使该公司散货船建造在吨位上完成了从万吨到30多万吨的全覆盖，实现重大突破，完善了企业的产品结构。江苏大洋海洋装备有限公司建造的130米打桩船是世界上规模最大、技术最先进、施工能力最强的打桩船。

2. 海洋工程装备制造业

泰州市依托沿江的区位优势，形成具有泰州特色的海洋工程装备制造业体系，涉及海洋开发的细分领域众多，包括海洋用石油钻杆、系泊链、海工辅助船、自升式钻井平台、海洋隔水管接头等等。2019年，海洋工程装备制造业实现收入36.2亿元。从地区分布来看，靖江市、泰兴市和姜堰区集聚效应较为明显。

江苏亚星锚链股份有限公司专业化从事船用锚链和海洋系泊链及附件的研制生产，在生产、销售和出口方面，连续多年名列国内同行第一，是我国船用锚链和海洋系泊链生产和出口基地，年产能近30万吨；江苏振华泵业制造有限公司是舰船用泵和电机研发基地，荣获国家科技进步二等奖等省部级以上奖项10余项；泰州市柯普尼通讯设备有限公司是国家智慧海洋战略服务供应商，与鑫诺卫星携手打造"海上互联网"，抢占"智慧海洋先机"，主要涉及领域为海洋通信（讯）电气系统方案解决、卫星通信VSAT终端设备研发与生产，以及海上互联网运营等。

3. 海洋交通运输业

泰州市滨江近海，距海边直线距离仅60千米左右，拥有长江岸线125.7千米，建立了具有泰州特色的集"仓储、运输、制造"等多功能于一体的海洋交通运输业体系。泰州港是国家一类开放口岸，是江海河联运、铁公水中转、内外贸运输的节点，还是上海组合港中的配套港、国际集装箱运输的支线港和喂给港，设有长江泊位22个，其中万吨级以上泊位9个，可常年靠泊5万吨级以上海轮，最大靠泊能力10万吨。长江南京以下12.5米深水航道全线贯通后，泰州通江达海、跨江融合的区位优势更加突显。泰州市委明确提出"以江海联动、工贸发达为特色的长江经济带港口名城"建设目标，深入推进跨江融合，打造江海联运中心港。2019年，泰州港完成货物吞吐量2.8亿吨，同比增长15.2%，其中外贸货物吞吐量为0.3亿吨，同比增长26.6%。

靖江市江苏金马运业集团股份有限公司，依托"互联网+"，充分应用大数据、云计算等现代信息技术，研发了"金马云物流平台"，实现传统航运业务与互联网相结合，实时提供全球船货匹配一键接单、线上线下完美融合的24小时一站式港口物流服务。利用该平台，用户可以在线上下单，金马运业实时调度最近的可利用船只承运货物，并能实时查看货运船只的动态，被称为"海上滴滴"。2019年，平台交易量达到14亿元，实现自营开票线上5亿多元，线下5亿多元。

附 录

海洋经济主要名词解释

海洋经济：开发、利用和保护海洋的各类产业活动，以及与之相关联活动的总和。

海洋生产总值：海洋经济生产总值的简称，指按市场价格计算的沿海地区常住单位在一定时期内海洋经济活动的最终成果，是海洋产业和海洋相关产业增加值之和。

增加值：按市场价格计算的常住单位在一定时期内生产与服务活动的最终成果。

海洋产业：开发、利用和保护海洋所进行的生产和服务活动。海洋产业主要表现在以下五个方面：直接从海洋中获取产品的生产和服务活动；直接从海洋中获取的产品的一次加工生产和服务活动；直接应用于海洋和海洋开发活动的产品生产和服务活动；利用海水或海洋空间作为生产过程的基本要素所进行的生产和服务活动；海洋科学研究、教育、管理和服务活动。

海洋科研教育管理服务业：开发、利用和保护海洋过程中所进行的科研、教育、管理及服务等活动，包括海洋信息服务业、海洋环境监测预报服务、海洋保险与社会保障业、海洋科学研究、海洋技术服务业、海洋地质勘查业、海洋环境保护业、海洋教育、海洋管理、海洋社会团体与国际组织等。

海洋相关产业：以各种投入产出为联系纽带，与海洋产业构成技术经济联系的产业，涉及海洋农林业、海洋设备制造业、涉海产品及材料制造业、涉海建筑与安装业、海洋批发与零售业、涉海服务业等。

海洋渔业：包括海水养殖、海洋捕捞、远洋捕捞、海洋渔业服务业和海洋水产品加工等活动。

海洋油气业：在海洋中勘探、开采、输送、加工原油和天然气的生产和服务活动。

海洋矿业：包括海滨砂矿、海滨土砂石、海滨地热、煤矿开采和深海矿物等的采选活动。

海洋盐业：利用海水生产以氯化钠为主要成分的盐产品的活动。

海洋船舶工业：以金属或非金属为主要材料，制造海洋船舶、海上固定及浮动装置的活动，以及对海洋船舶的修理及拆卸活动。

海洋化工业：以海盐、海藻、海洋石油为原料的化工产品生产活动。

海洋药物和生物制品业：以海洋生物为原料或提取有效成分，进行海洋药物和生物制品的生产加工及制造活动。

海洋工程建筑业：用于海洋生产、交通、娱乐、防护等用途的建筑工程施工及其准备活动。

海洋可再生能源利用业：在沿海利用海洋能、海洋风能等可再生能源进行的生产活动。

海水淡化和综合利用业：对海水的直接利用、海水淡化和海洋化学资源综合利用活动。

海洋交通运输业：以船舶为主要工具从事海洋运输以及为海洋运输提供服务的活动。

海洋旅游业：依托海洋旅游资源，开展的观光旅游、休闲娱乐、度假住宿、体育运动等活动。

沿海地区：即广义的沿海地区，是指有海岸线（大陆岸线和岛屿岸线）的地区，按行政区划分为沿海省、自治区、直辖市。

沿海城市：是指有海岸线的直辖市和地级市（包括其下属的全部区、县和县级市）。

沿海地带：即狭义的沿海地区，是指有海岸线的县、县级市、区（包括直辖市和地级市的区）。

北部海洋经济圈：由辽东半岛、渤海湾和山东半岛沿岸地区所组成的经济区域，主要包括辽宁省、河北省、天津市和山东省的海域与陆域。

东部海洋经济圈：由长江三角洲的沿岸地区所组成的经济区域，主要包括江苏省、上海市和浙江省的海域与陆域。

南部海洋经济圈：由福建、珠江口及其两翼、北部湾、海南岛沿岸地区所组成的经济区域，主要包括福建省、广东省、广西壮族自治区和海南省的海域与陆域。

上述名词解释主要摘自《第一次全国海洋经济调查海洋及相关产业分类》。